画说细毛羊养殖实用技术

付雪峰　主编

中国农业出版社

北　京

编者名单

主　　编：付雪峰

副主编：唐　森　吴翠玲

参　　编：徐新明　狄　江　田可川　帕热克·爱尼娃尔

　　　　　马盛超　刘文娜　艾斯玛·艾尼瓦尔　王亚倩

　　　　　张玉华　韩　冰　薛多雄

插画师：李美华

编者的话

近年来，我国畜牧业发展已由传统发展阶段进入高质量发展阶段，为农业经济发展和乡村振兴做出显著贡献。畜牧业生产方式的变革，带动了畜禽养殖技术的转化升级，畜禽养殖实用技术也发生了转变，对于细毛羊品种改良选育工作者来说，有责任为广大养殖企业和养殖户提供浅显易懂、容易接受、便于应用和推广的科普图书。

《画说细毛羊养殖实用技术》是我国西部地区首部以漫画图册形式描述细毛羊标准化养殖过程的图书，是在参考借鉴《绵羊标准化规模养殖图册》等的基础上，结合编者工作经验而编写成的，通过漫画、文字等形式，对细毛羊养殖技术进行阐述和展示，旨在解决生产端在开展种羊和羊毛鉴定、选育改良、饲养管理、疫病防治和粪污处理等工作中存在的疑惑，为生产人员提供简洁、直观、具有参考价值和易于操作的实用技术。本书的编写得到了新疆维吾尔自治区畜牧科学院和新疆师范大学长期在生产实践和教学一线工作的老师们的帮助，在此表示衷心的感谢！希望通过本书的推广，为提高我国细毛羊科学化、标准化和规模化养殖水平提供参考价值。

由于时间和经验有限，难免存在不足之处，希望广大同行、养殖企业和养殖户提出宝贵意见，以期再版时改进。

国家绒毛用羊技术体系细毛半细毛羊品种

改良选育岗位科学家

2025年2月7日

目

录

编者的话

一、绵羊及细毛羊概述

01 绵羊及细毛羊

绵羊及细毛羊

毛用细毛羊（如中国美利奴羊，♂）

毛肉兼用细毛羊（如新疆细毛羊，♀）

肉毛兼用细毛羊（如德国肉用美利奴羊，♀）

绵羊是被广泛饲养的家畜品种，分布广泛、品种多样。细毛羊属于毛用绵羊，能生产60～80支（25.0～18.1微米）细度的细羊毛。根据生产性能，分为毛用、毛肉兼用和肉毛兼用三类。

二、细毛羊的主要产品及其用途

羊毛制品

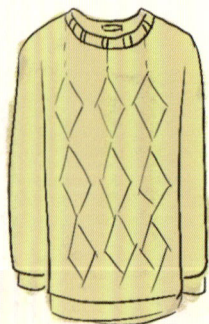

特点：保暖，舒适，弹性好，吸湿性强。

细羊毛工业或生产用途

羊毛羊绒是纺织和服装产业的重要原料之一，是工业生产中夹心层、绝热保暖材料和工业用布原料，常用于制作呢绒、绒线、毛毯、毛毡等毛纺纱与纺织品等，也为文旅产业工艺品制作等提供了理想原材料。

羊毛绒线

羊毛呢绒

羊毛毛条

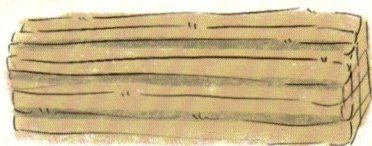

羊毛毛毡

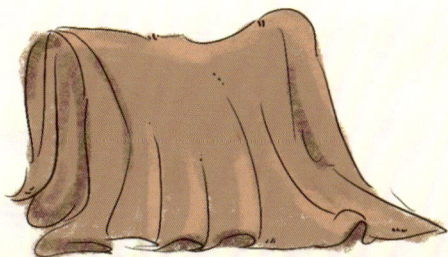

羊毛毛毯

羊肉是细毛羊的主要产品之一，肉质细嫩，营养丰富。

三、细毛羊鉴定

细毛羊体况介绍

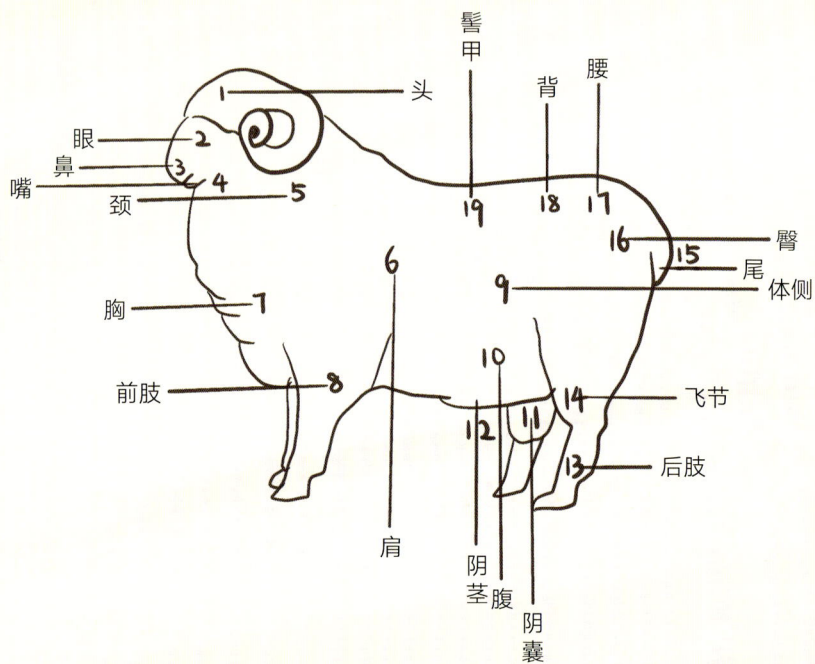

头
眼
鼻
嘴
颈
胸
前肢
肩
鬐甲
背
腰
臀
尾
体侧
飞节
后肢
阴茎
腹
阴囊

1 2 3 4 5 6 7 8 9 10 11 12 13 14 15 16 17 18 19

1. 肩部：肩胛骨中心点周围。

2. 体侧部：肩胛骨后缘10厘米，体侧中线稍偏上处。

3. 股部：腰角至飞节连线的中间点。

4. 背部：从肩胛至十字部连线的中间点。

5. 腹部：胸骨后缘至耻骨前缘连线的中部，相当于阴囊

   前端左侧及右侧。

细羊毛细度

羊毛细度是衡量羊毛纤维粗细的重要指标，通常用支数和微米来表示。

细羊毛品质支数与纤维直径折算

细羊毛品质支数（支）	羊毛纤维直径（微米）
60	23.1～25.0
64	21.6～23.0
66	20.1～21.5
70	19.1～20.0
80	18.1～19.0

识别羊毛弯曲的形态

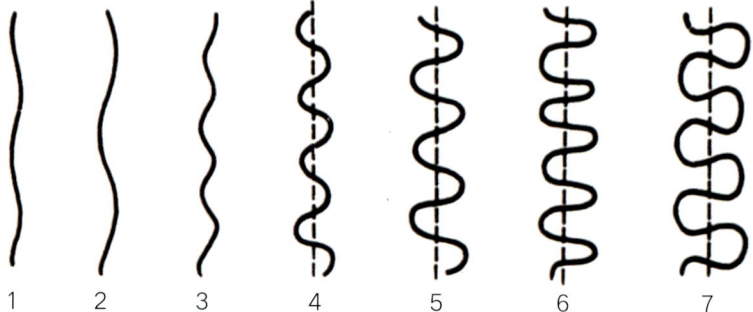

1 2 3 4 5 6 7

1.弯曲面 2.长弯曲 3.浅弯曲 4.正常弯曲 5.高弯曲 6.密弯曲 7.环形弯

细羊毛油汗

白色（优）

乳白色（良）

黄色（一般）

13

审查2 ~ 3个世代系谱资料

羊号：____（性别：____）

父：_____（生产性能）
  祖父：____（生产性能）
  祖母：____（生产性能）

母：_____（生产性能）
  外祖父：____（生产性能）
  外祖母：____（生产性能）

后裔测定：根据后代个体品质优劣测定亲代个体种用价值，综合采用祖先、个体、同胞和后代资料计算个体育种值，选留肓种值高的作为种畜。

突出选留：后代品质好的个体，其种用价值高。

细毛羊全年生产过程

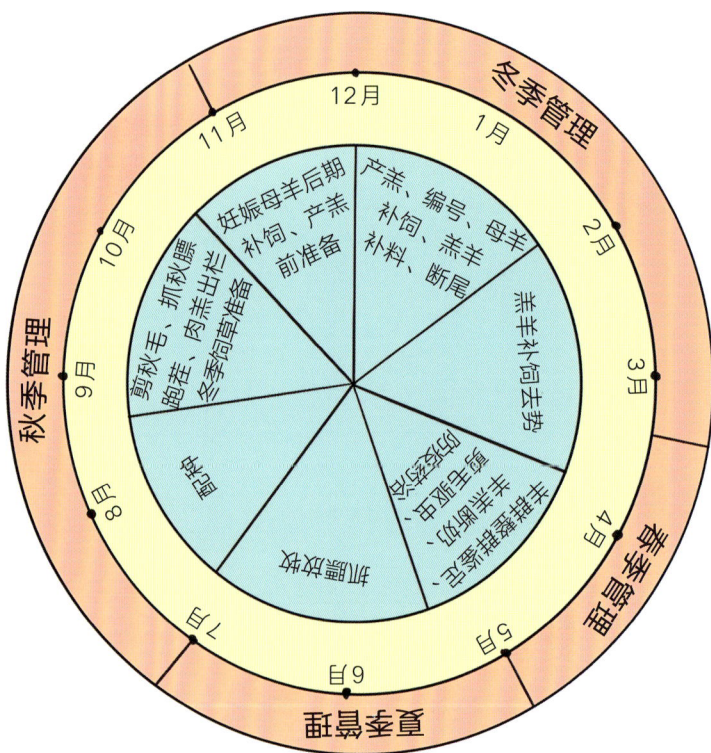

冬季管理

春季管理

夏季管理

秋季管理

1月 2月 3月 4月 5月 6月 7月 8月 9月 10月 11月 12月

妊娠母羊后期补饲、产羔前准备

产羔、编号、母羊补饲、羔羊补料、断尾

羔羊补饲去势

春乏补饲、幼羊断乳、羔羊断奶防病、疾病治疗

剪冬毛抓膘

配种

剪秋毛、抓秋膘、跑草、肉羔出栏、冬季饲草准备

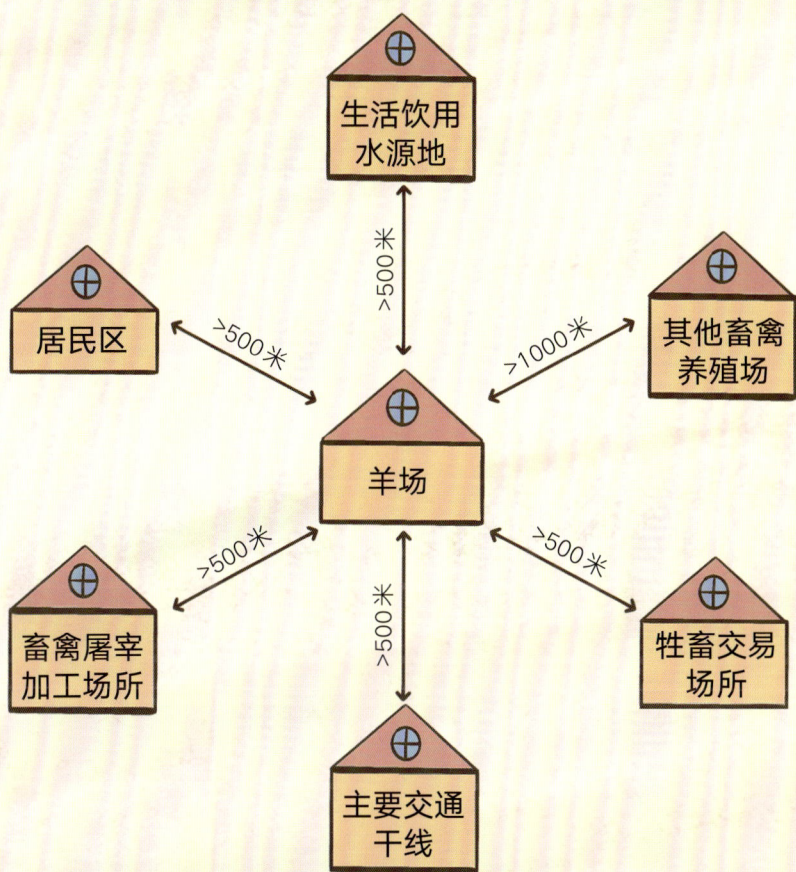

生活饮用水源地

居民区

其他畜禽养殖场

>500米

>500米

>1000米

羊场

畜禽屠宰加工场所

>500米

>500米

牲畜交易场所

>500米

主要交通干线

种羊圈

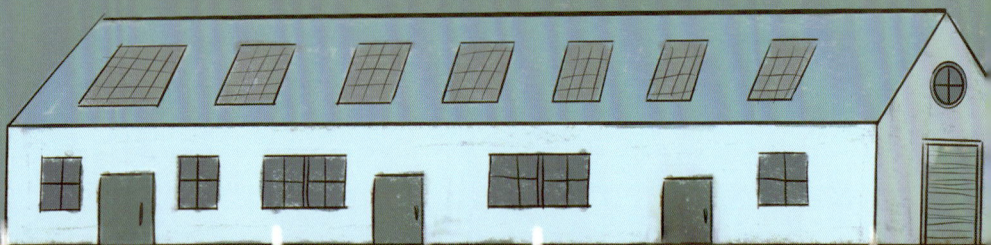

容纳600只羊的种用羊舍

配种站

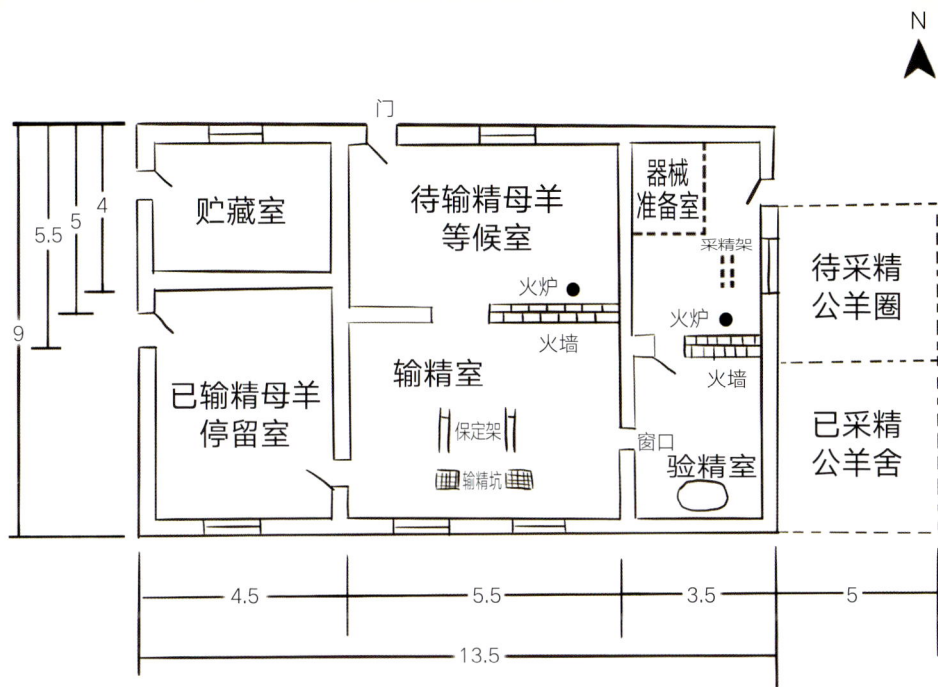

N

贮藏室

待输精母羊
等候室

器械
准备室

采精架

火炉

火墙

待采精
公羊圈

已输精母羊
停留室

输精室

保定架

输精坑

火炉

火墙

窗口

验精室

已采精
公羊舍

5.5　5　4

9

4.5　　5.5　　3.5　　5

13.5

单位：米

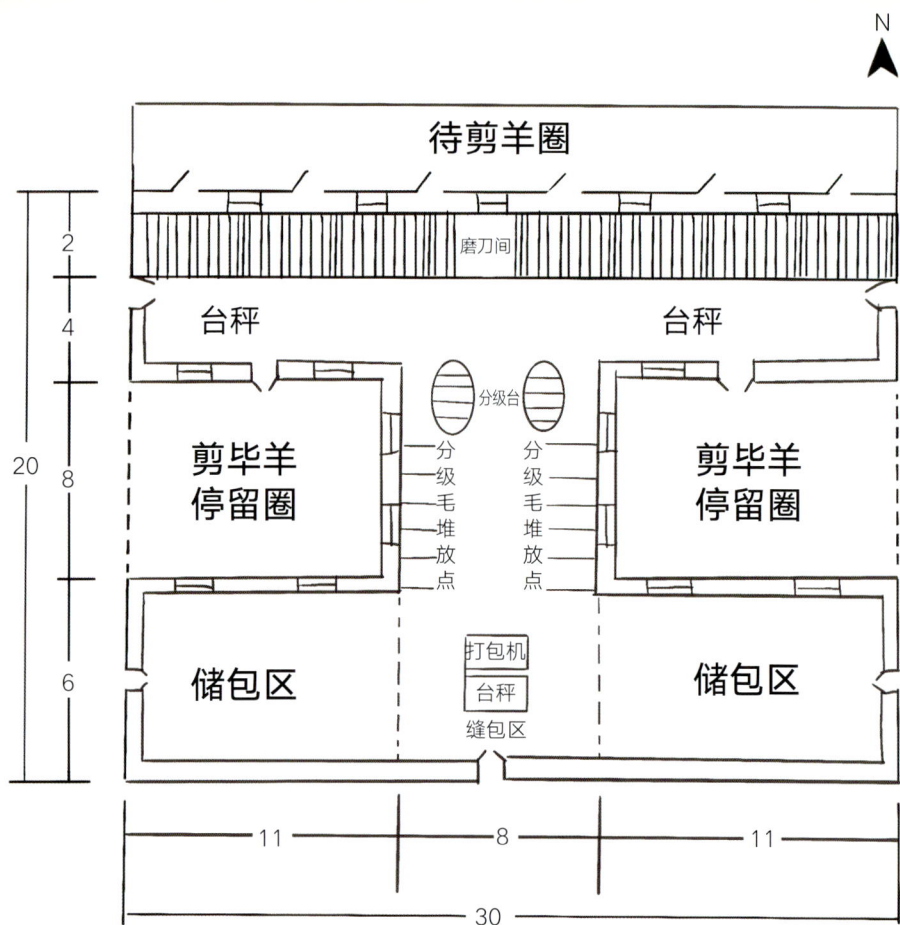

剪毛房

待剪羊圈

磨刀间

台秤　　　　　　　台秤

分级台

剪毕羊
停留圈

分级毛堆放点　分级毛堆放点

剪毕羊
停留圈

储包区

打包机
台秤
缝包区

储包区

2
4
8
6
20

11　　8　　11
30

N

单位：米

22

级进杂交

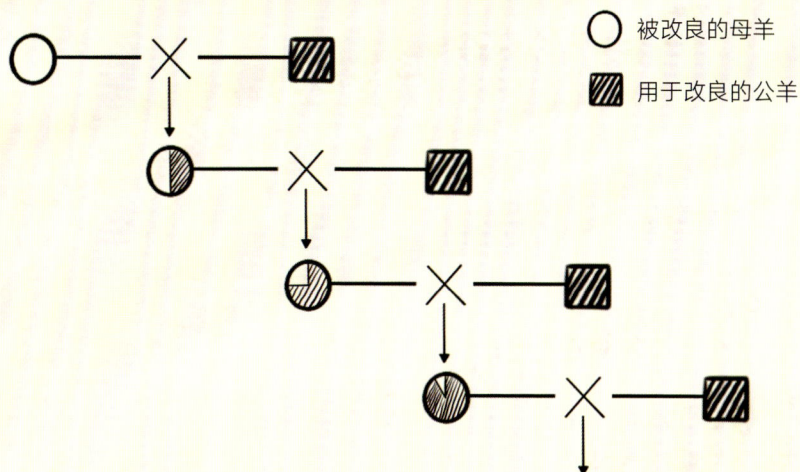

○ 被改良的母羊

▨ 用于改良的公羊

引入杂交（导血）

本地品种 ◯ × ▤ 外来良种

杂　　种 ◐ × ☐ 本地品种

1/4 回交
个体/群体 ◔ × ☐ 本地品种

1/8 回交
个体/群体 ◔ × ☐ 本地品种

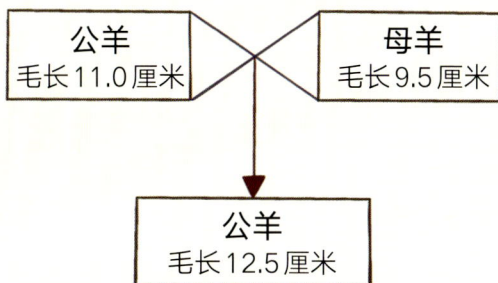

| 公羊
毛长11.0厘米 | 母羊
毛长9.5厘米 |

| 公羊
毛长12.5厘米 |

用公羊对母羊进行试情，根据母羊对公羊的行为反应，结合外部观察来判断母羊是否发情。

绑缚试情布的试情公羊

采精工具

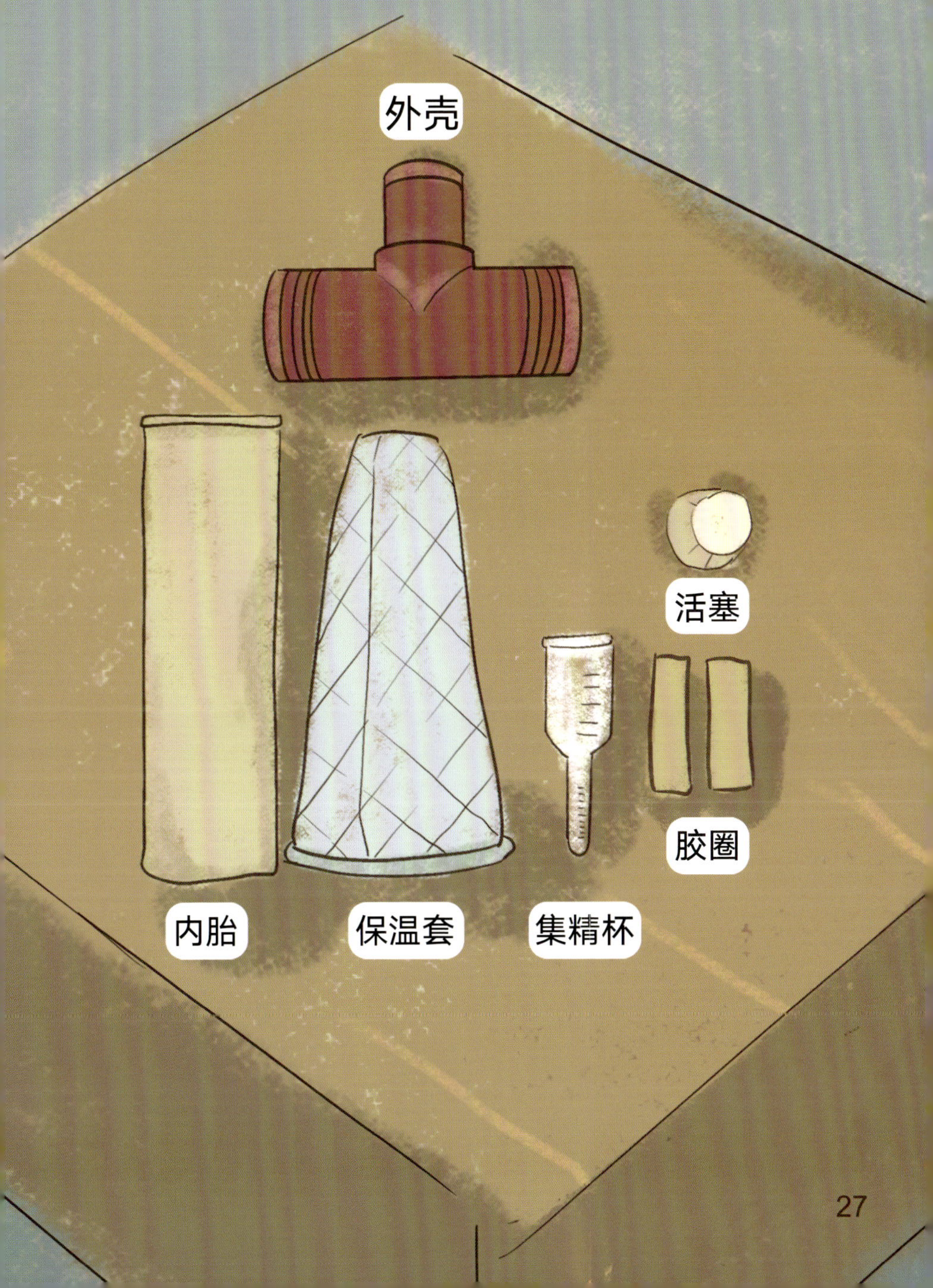

外壳

活塞

内胎

保温套

集精杯

胶圈

27

精子密度大于
25亿个/毫升 - 密

精子密度20亿~
25亿个/毫升 - 中

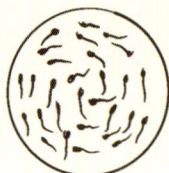

精子密度小于
20亿个/毫升 - 稀

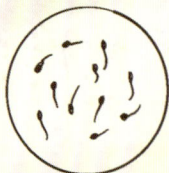

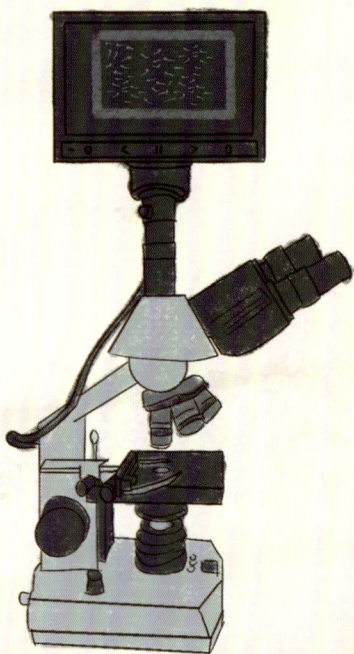

人工授精（配种）

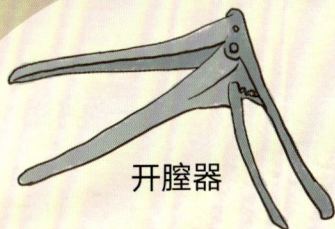

开腟器

长约23厘米

输精枪

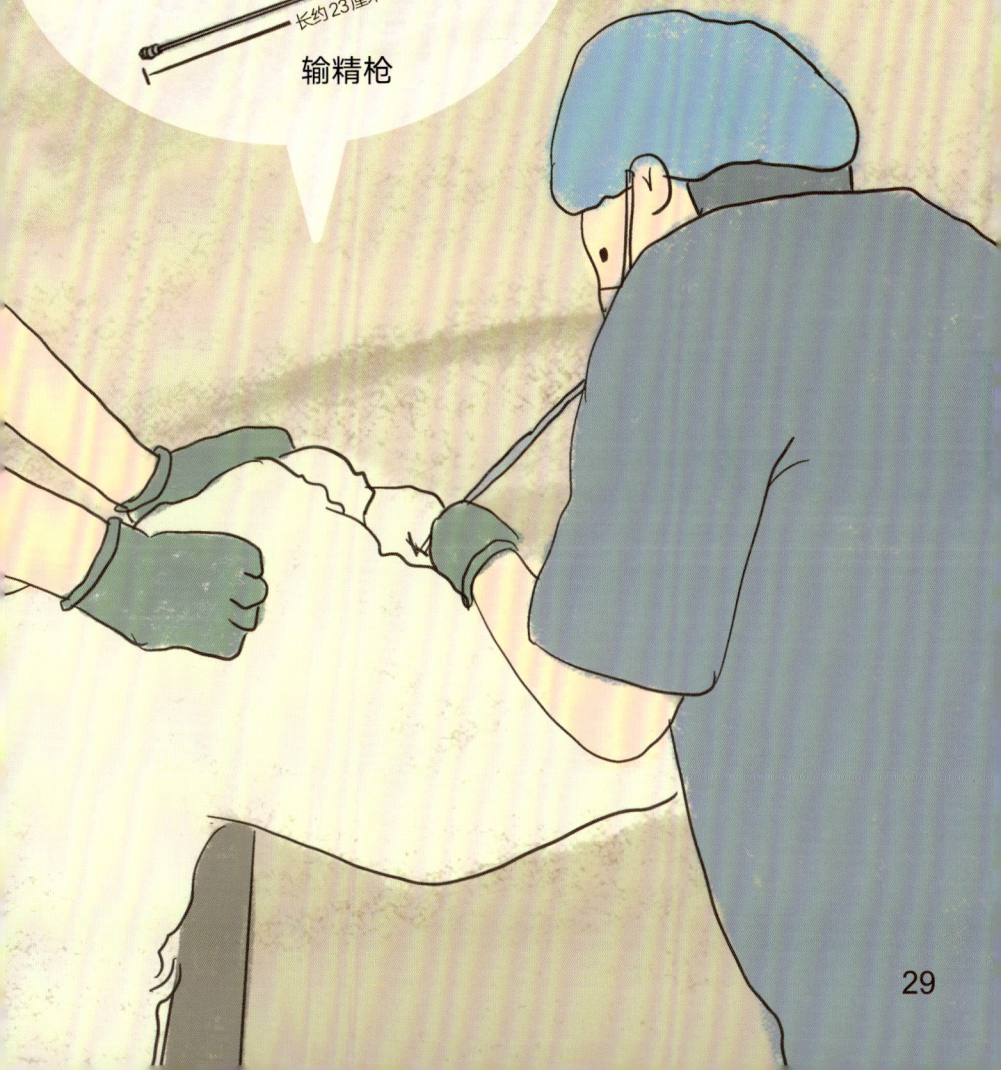

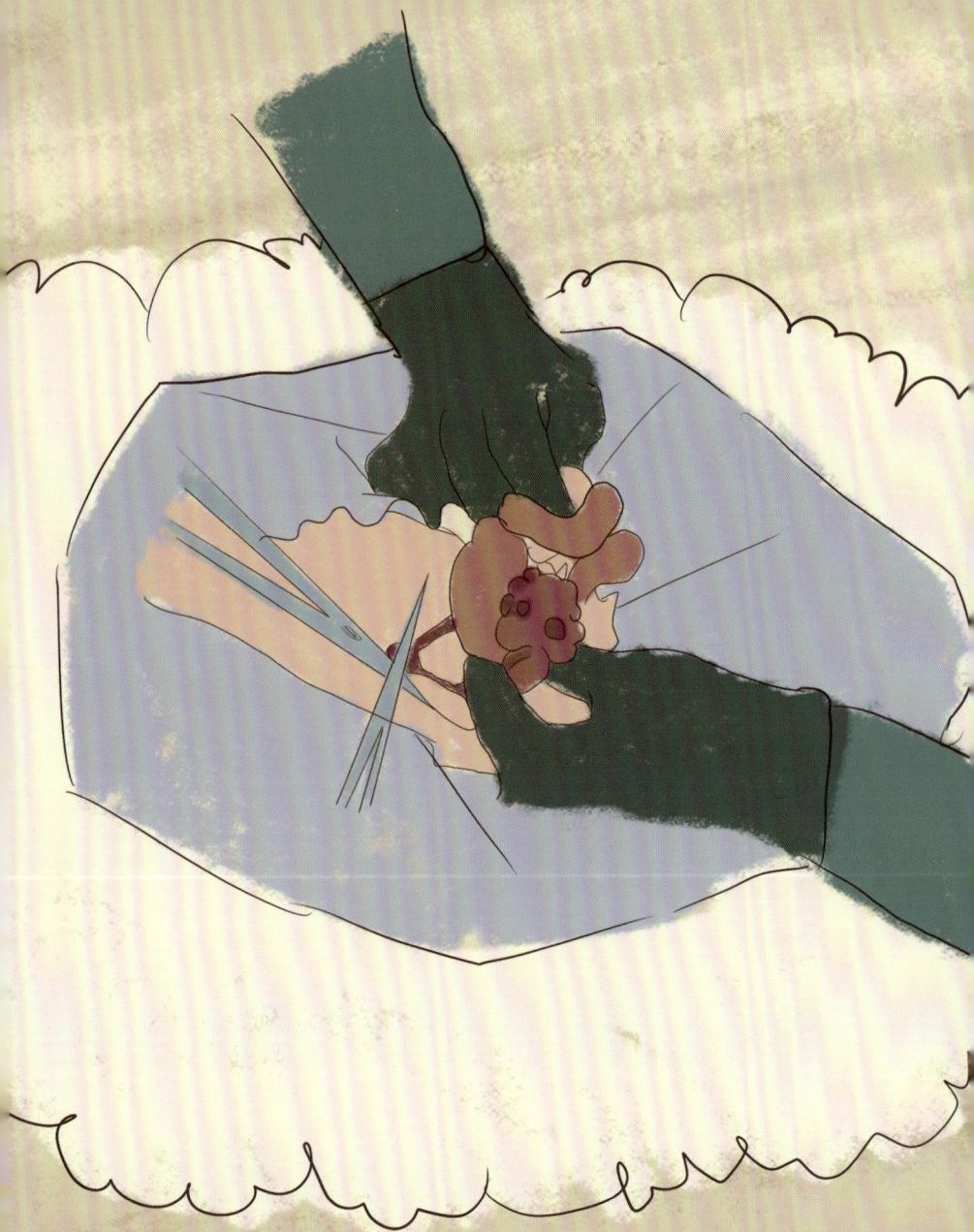

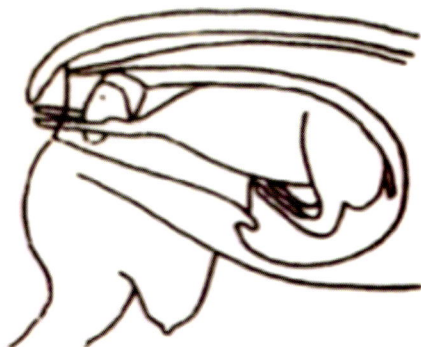

正位

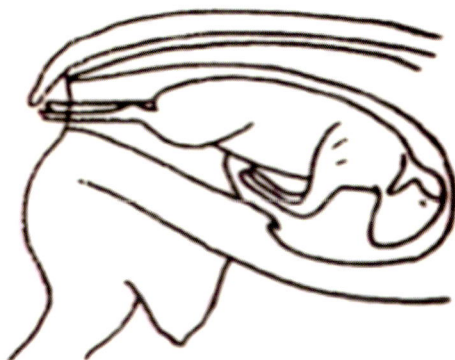

倒位

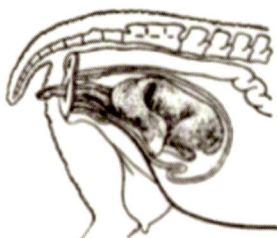

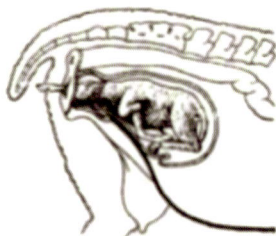

胚胎头侧弯曲 胚胎左侧肩关节弯曲

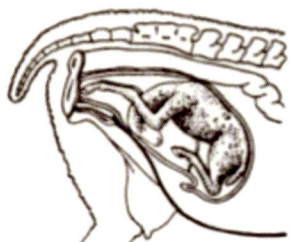

胚胎头下弯曲 胚胎头后仰

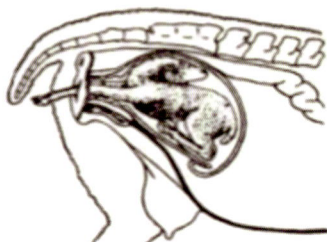

管理要点歌诀：

产前：七八分膘一岁配，孕中后增精粗钙，切忌霉冷和跑跳，产前昼夜勤观察；

助产：消毒润滑和柔推，矫正姿态轻牵拉，缩宫青链霉素备，切口剖腹手术助；

产后：清排胎衣和恶露，软易消化草料喂，洁温盐水麸皮汤，消炎营养保健康。

五、细毛羊从饲养至屠宰全过程管理

细毛羊饲料来源

细毛羊饲料来源		
细毛羊饲料	植物性饲料	各种牧草、作物秸秆、作物籽实及各种农副产品
	动物性饲料	鱼粉、骨粉、贝壳粉、羽毛粉、血粉、肉骨粉等

植物性饲料

动物性饲料

细毛羊常用精饲料

玉米

高粱

大豆

豆粕　　棉籽粕

配种期种公羊饲养标准

配种期种公羊饲养标准（配种2~3次/天）

体重 （千克）	风干饲料 （千克）	消化能 （兆焦）	可消化粗蛋白 （克）	钙 （克）	磷 （克）	食盐 （克）	胡萝卜素 （毫克）
60.0	2.1~2.5	20.5~25.1	140.0~170.0	8.0~9.0	5.0~6.0	15.0~20.0	20.0~30.0
70.0	2.2~2.6	23.0~27.2	190.0~240.0	9.0~10.0	7.0~7.5	15.0~20.0	20.0~30.0
80.0	2.3~2.7	24.3~29.3	200.0~250.0	9.0~11.0	7.5~8.0	15.0~20.0	20.0~30.0
90.0	2.4~2.8	25.9~31.0	210.0~260.0	10.0~12.0	8.0~9.0	15.0~20.0	20.0~30.0
100.0	2.5~3.0	25.8~31.8	230.0~270.0	11.0~13.0	8.5~9.5	15.0~20.0	20.0~30.0

试情公羊饲养标准

试情公羊饲养标准

体重 （千克）	风干饲料 （千克）	消化能 （兆焦）	可消化粗蛋白 （克）	钙 （克）	磷 （克）	食盐 （克）	胡萝卜素 （毫克）
70	1.8～2.1	16.7～20.5	110～140	5.0～6.0	2.5～3.0	10～15	15～20
80	1.9～2.2	18.0～21.8	120～150	6.0～7.0	3.0～4.0	10～15	15～20
90	2.0～2.4	19.2～23.0	130～160	7.0～8.0	4.0～5.0	10～15	15～20

育成公羊饲养标准

育成公羊饲养标准

月龄	体重 （千克）	风干饲料 （千克）	消化能 （兆焦）	可消化粗蛋白 （克）	钙 （克）	磷 （克）	食盐 （克）	胡萝卜素 （毫克）
4~6	30~40	1.4	14.6~16.7	90~100	4.0~5.0	2.5~3.8	6~12	5~10
6~8	37~42	1.6	16.7~18.1	95~115	5.0~6.3	3.0~4.0	6~12	5~10
8~10	42~48	1.8	16.7~20.9	100~125	5.5~6.5	3.5~4.3	6~12	5~10
10~12	46~53	2.0	20.1~23.0	110~135	6.0~7.0	4.0~4.5	6~12	5~10
12~18	53~70	2.2	20.1~24.0	120~140	6.5~7.2	4.5~5.0	6~12	5~10

豆类
饲料

豆类
饲料

妊娠母羊饲养标准

妊娠母羊饲养标准

时期	体重 （千克）	风干饲料 （千克）	消化能 （兆焦）	可消化粗蛋白 （克）	钙 （克）	磷 （克）	食盐 （克）	胡萝卜素 （毫克）
妊娠 前期	40.0	1.6	12.6～15.9	70.0～80.0	3.0～4.0	2.0～2.5	8.0～10.0	8.0～10.0
	50.0	1.8	14.2～17.6	75.0～90.0	3.2～4.5	2.5～3.0	8.0～10.0	8.0～10.0
	60.0	2.0	15.9～18.4	80.0～95.0	4.0～5.0	3.0～4.0	8.0～10.0	8.0～10.0
	70.0	2.2	16.7～19.2	85.0～100.0	4.5～5.5	3.8～4.5	8.0～10.0	8.0～10.0
妊娠 后期	40.0	1.8	15.1～18.8	80.0～110.0	6.0～7.0	3.5～4.0	8.0～10.0	10.0～12.0
	50.0	2.0	18.4～21.3	90.0～120.0	7.0～8.0	4.0～4.5	8.0～10.0	10.0～12.0
	60.0	2.2	20.1～21.8	95.0～130.0	8.0～9.0	4.0～5.0	9.0～12.0	10.0～12.0
	70.0	2.4	21.8～23.4	100.0～140.0	8.5～9.5	4.5～5.5	9.0～12..0	10.0～12.0

哺乳期母羊饲养标准

单羔和保证羔羊日增重200 ~ 250克时的母羊饲养标准

体重 （千克）	风干饲料 （千克）	消化能 （兆焦）	可消化粗蛋白 （克）	钙 （克）	磷 （克）	食盐 （克）	胡萝卜素 （毫克）
40.0	3.0	18.0 ~ 23.4	100 ~ 150	7.0 ~ 8.0	4.0 ~ 5.0	10 ~ 12	6 ~ 8
50.0	2.2	19.2 ~ 24.7	110 ~ 190	7.5 ~ 8.5	4.5 ~ 5.5	12 ~ 14	8 ~ 10
60.0	2.4	23.4 ~ 25.9	120 ~ 200	8.0 ~ 9.0	4.6 ~ 5.6	13 ~ 15	6 ~ 12
70.0	2.6	24.3 ~ 27.3	120 ~ 200	8.5 ~ 9.5	4.8 ~ 5.8	13 ~ 15	9 ~ 13

双羔和保证羔羊日增重300 ~ 400克时的母羊饲养标准

体重 （千克）	风干饲料 （千克）	消化能 （兆焦）	可消化粗蛋白 （千克）	钙 （克）	磷 （克）	食盐 （克）	胡萝卜素 （毫克）
40.0	3.8	21.8 ~ 28.5	150 ~ 200	8.0 ~ 10.0	5.5 ~ 6.0	13 ~ 15	8 ~ 10
50.0	3.0	23.4 ~ 29.7	180 ~ 220	9.0 ~ 11.0	5.0 ~ 6.5	14 ~ 16	9 ~ 12
60.0	3.0	24.7 ~ 31.0	190 ~ 230	9.5 ~ 11.5	5.0 ~ 7.0	15 ~ 17	10 ~ 13
70.0	3.2	25.9 ~ 33.5	200 ~ 240	10.0 ~ 12.0	5.2 ~ 7.5	15 ~ 17	12 ~ 15

育成母羊和空怀母羊饲养标准

育成母羊和空怀母羊饲养标准

月龄	体重（千克）	风干饲料（千克）	消化能（兆焦）	可消化粗蛋白（克）	钙（克）	磷（克）	食盐（克）	胡萝卜素（毫克）
4.0～6.0	25.0～30.0	1.2	10.9～13.4	70.0～90.0	3.0～4.0	2.0～3.0	5.0～8.0	5.0～8.0
6.0～8.0	30.0～36.0	1.3	12.6～14.6	72.0～95.0	4.0～5.2	2.8～3.2	6.0～9.0	6.0～8.0
8.0～10.0	36.0～42.0	1.4	14.6～16.7	73.0～95.0	4.5～5.5	3.0～3.5	7.0～10.0	6.0～8.0
10.0～12.0	37.0～45.0	1.5	14.6～17.2	75.0～100.0	5.2～6.0	3.2～3.6	8.0～11.0	7.0～9.0
12.0～18.0	42.0～50.0	1.6	14.6～17.2	75.0～95.0	5.5～6.5	3.2～3.6	8.0～11.0	7.0～9.0

育肥羔羊饲养标准

育肥羔羊饲养标准

月龄	体重 （千克）	风干饲料 （千克）	消化能 （兆焦）	可消化粗蛋白 （克）	钙 （克）	磷 （克）	食盐 （克）	胡萝卜素 （毫克）
3	25.0	1.2	10.5～14.6	80～100	1.5～2.0	0.6～1.0	3.0～5.0	2.0～4.0
4	30.0	1.4	14.6～16.7	90～150	2.0～3.0	1.0～2.0	4.0～8.0	3.0～5.0
5	40.0	1.7	16.7～18.8	90～140	3.0～4.0	2.0～3.0	5.0～9.0	4.0～8.0
6	45.0	1.8	18.8～20.9	90～130	4.0～5.0	3.0～4.0	6.0～9.0	5.0～8.0

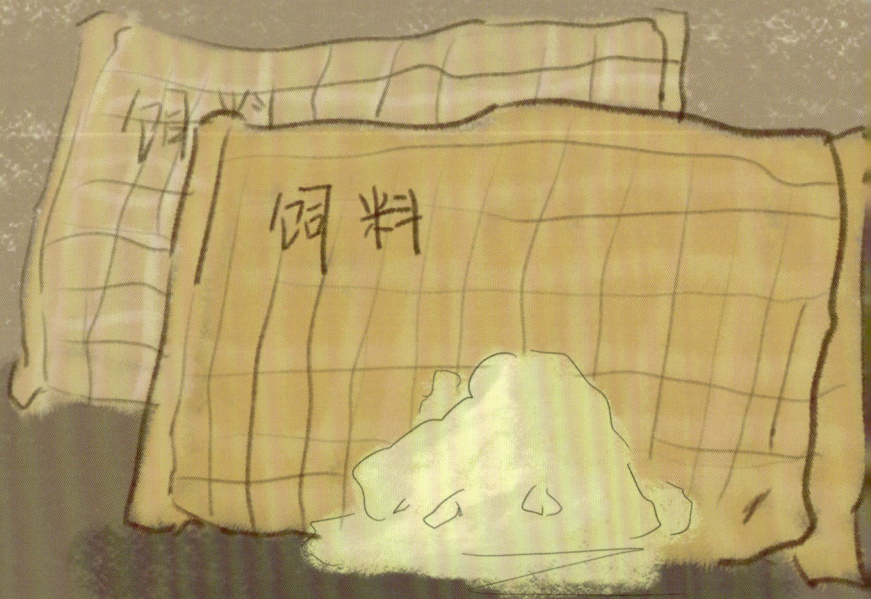

育肥成年羊饲养标准

育肥成年羊饲养标准

月龄	体重（千克）	风干饲料（千克）	消化能（兆焦）	可消化粗蛋白（克）	钙（克）	磷（克）	食盐（克）	胡萝卜素（毫克）
4～6	30.0～40.0	1.4	14.6～16.7	90.0～100.0	4.0～5.0	2.5～3.8	6.0～12.0	5.0～10.0
6～8	37.0～42.0	1.6	16.7～18.8	95.0～115.0	5.0～6.3	3.0～4.0	6.0～12.0	6.0～12.0
8～10	42.0～48.0	1.8	16.7～20.9	100.0～125.0	5.5～6.5	3.5～4.3	6.0～12.0	6.0～12.0
10～12	46.0～53.0	2.0	20.1～23.0	110.0～135.0	6.0～7.0	4.0～4.5	6.0～12.0	6.0～12.0
12～18	53.0～70.0	2.2	20.1～24.0	120.0～140.0	6.5～7.2	4.5～5.0	6.0～12.0	6.0～12.0

补充盐

盐块

每次喂盐以后，羊更爱吃草，枯草、老草都爱吃，对抓膘有利。例如，每次每只羊补充盐6 ～ 10克（羔羊减半）。

补充矿物质

当细毛羊处于妊娠、哺乳、繁殖或是舍饲、半舍饲喂养时，需要补充适宜的钙、磷。例如，种公羊每日补饲骨粉5～10克，其他羊3～5克，混在精饲料中喂给。可适当添加钙含量多的豆科牧草和苋科植物，以及磷含量较高的谷实类、饼粕和糠麸。

棉粕、豆粕使用注意事项

注意事项：

棉粕（棉籽饼）中含有棉酚等毒性物质，喂羊时必须先脱毒。

①每100千克棉粕用0.2%～0.4%硫酸亚铁溶液2～3千克，
均匀喷洒去毒；

②将棉粕蒸煮2～3小时，可去毒。

豆粕中含抗胰蛋白酶、皂苷等，会导致腹泻和新陈代谢紊乱，
需经过热处理后再使用。

①豆粕加热到110℃，并保持3分钟；

②豆粕粒度直径控制在0.5～1.0毫米；

③生豆粕不能与尿素混合使用。

牧区防止误食毒草

在有毒草等有毒植物广泛分布的地区，要加强宣传，防止羊误食。在放牧过程发现毒草时应连根拔掉，使毒草的数量日趋减少。

羔羊去势

对于不宜留作种用的公羔，应进行去势。去势的最佳时间为 1 周龄至 1 月龄，多在春、秋两季，气候凉爽、晴朗的时候进行。去势方法包括阉割法、结扎法和去势钳法等。

羔羊断尾

羔羊应在出生后 7 ~ 15 天内断尾，通常使用结扎法。使用断尾钳和橡胶圈，在距尾根 4 厘米处将羊尾巴紧紧扎住，阻断尾巴下段的血液流通，经 10 ~ 15 天，尾巴自行脱落。

看牙齿辨别年龄

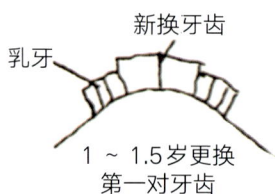

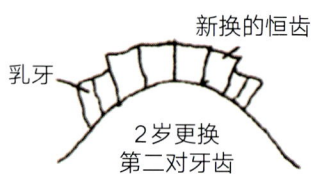

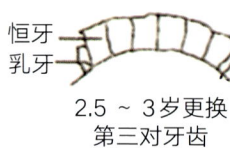

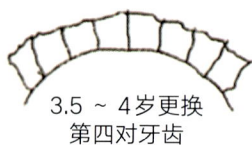

新换牙齿

乳牙

1 ~ 1.5岁更换
第一对牙齿

新换的恒齿

乳牙

2岁更换
第二对牙齿

恒牙
乳牙

2.5 ~ 3岁更换
第三对牙齿

3.5 ~ 4岁更换
第四对牙齿

穿羊衣

穿羊衣是为了保护细毛羊的被毛，提高羊毛综合品质。给细毛羊穿羊衣简便易行，投入少，见效快，效果好。

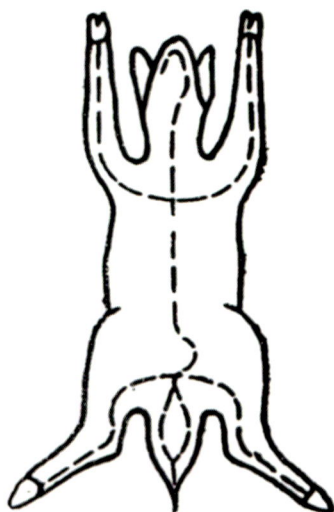

羔羊裘皮剥取切线示意图

毛套

剪羊毛（剪毛动线）

1. 羊坐卧，剪左前腿和腹毛，注意用手推开公羊睾丸、母羊乳头。
2. 羊坐卧，头抬高，剪后腿内侧毛和尾毛。
3. 羊坐卧，剪左后腿外侧和左体侧毛。
4. 羊坐卧，头抬高，剪颈胸部和前腿内侧毛。
5. 羊侧卧，剪背部和头部毛。
6. 羊坐卧，头抬高，剪右体侧和右前腿外侧毛。

注意：羊毛剪尖部勿伤羊的皮肤，准备碘酒涂伤口。

细羊毛分级整理

细羊毛分级标准

等别	级别	细度(微米)	毛丛自然长度(厘米)	油汗(占毛丛长度百分比，%)
特等	1级	≤20.0(70支及以上)	≥7.0	50
	2级	≤21.5(66支及以上)	≥7.0	
	3级	≤25.0(60支及以上)	≥7.5	
一等	1级	≤20.0(70支及以上)	≥5.5	50
	2级	≤21.5(66支及以上)		
	3级	≤25.0(60支及以上)		
二等		≤25.0(60支及以上)	≥4.0	有油汗
三等		≤25.0(60支及以上)	≥2.0	有油汗

细羊毛打包

羊毛毛包装车

羊毛打包

羊毛毛包

屠宰前准备

1. 依据定点屠宰、集中检疫制度屠宰，不屠宰病死病害、检疫不合格个体。
2. 观察待宰个体，健康细毛羊应皮毛光洁，体态行为正常，口、鼻、眼无过多分泌物，呼吸均匀，运动正常，饮食饮水、反刍和排泄物正常。
3. 宰前24小时禁喂饲料，宰前2小时禁水。

屠宰车间简易加工工艺流程

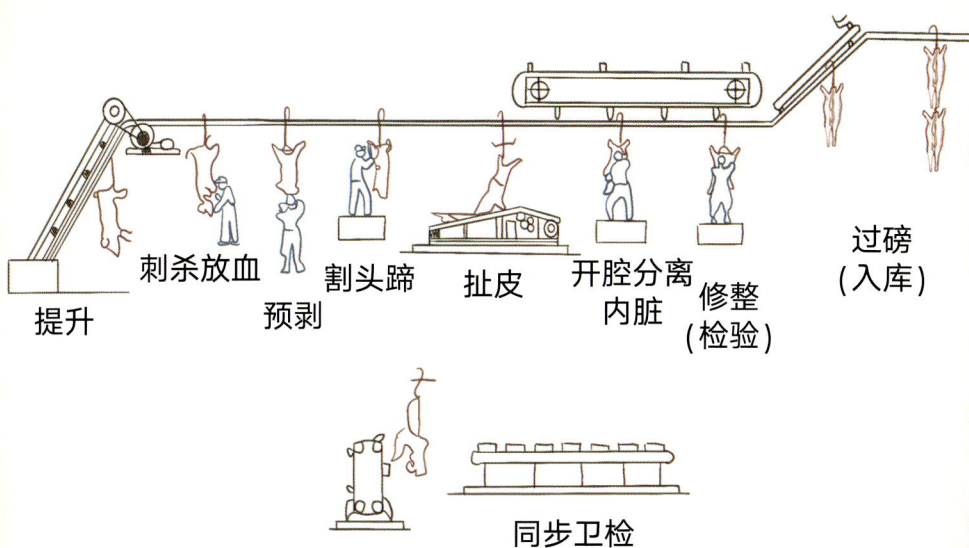

提升

刺杀放血

预剥

割头蹄

扯皮

开腔分离内脏

修整(检验)

过磅(入库)

同步卫检

屠宰步骤

检疫后进入屠宰场
↓
禁食待宰
↓
吊挂电晕/刺杀
↓
放血

带皮羊肉
↓
去羊角
↓
燠毛 ■
↓
去后蹄
↓
冲淋
↓
去羊头、去前蹄
↓
食管、肛门结扎

剥皮羊肉
↓
去羊头、去前蹄
↓
食管结扎
↓
预剥皮
↓
去后蹄
↓
肛门结扎
↓
完成剥皮

↓
开腔
↓
内脏、胴体（淋巴）检疫及复检 ▲
↓
冲淋

合格

劈半
↓
排酸
↓
分割

速冻
↓
速冻
↓
速冻

↓
内包装及检验
↓
食品金属检测
↓
速冻
↓
外包装
↓
贮藏

不合格
↓
废弃物处理 ▲

58

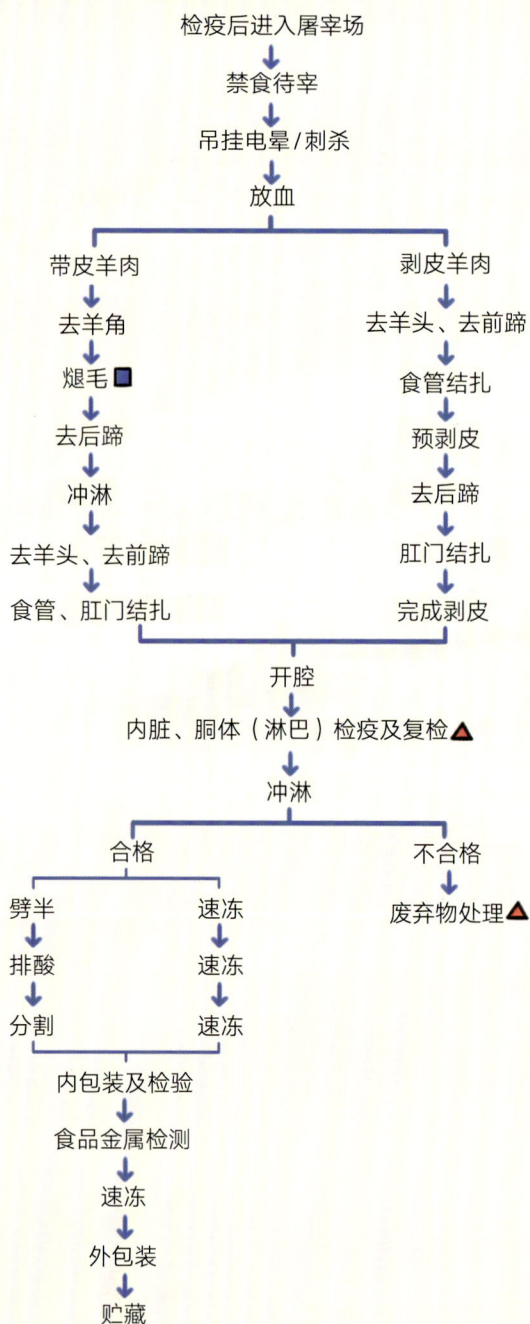

■ 废弃物排放点　▲ 不合格品点

细毛羊胴体分割

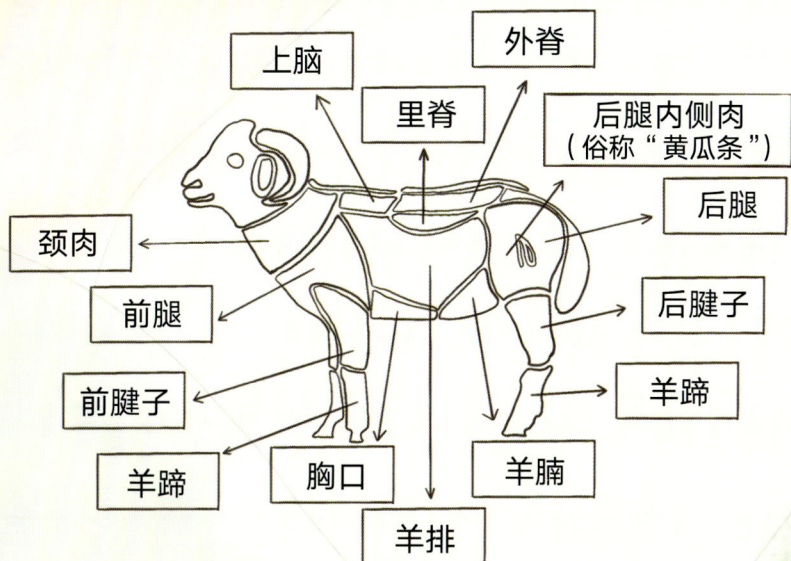

上脑　外脊　里脊　后腿内侧肉（俗称"黄瓜条"）　后腿　颈肉　前腿　后腱子　前腱子　羊蹄　羊蹄　胸口　羊腩　羊排

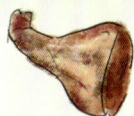

前腿肉

里脊肉

胸肉

颈肉

背脊肉

后腿肉

肋条肉

外脊肉

劈半肉

细毛羊胴体分级

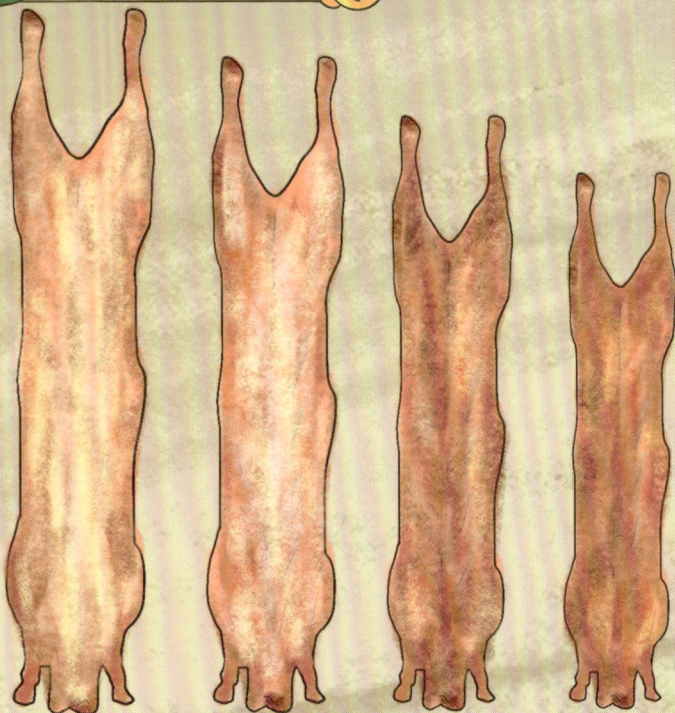

特等级　　　优等级　　　良好级　　　可用级

1. 特等级
   胴体重>18千克，0.5厘米<背部脂肪厚度≤0.8厘米，大理石花纹明显，脂肪和肌肉硬实，肌肉颜色深红，脂肪乳白色。
2. 优等级
   15千克<胴体重≤18千克，0.3厘米<背部脂肪厚度≤0.5厘米，大理石花纹略显，脂肪和肌肉较硬实，肌肉颜色深红，脂肪白色。
3. 良好级
   12千克<胴体重≤15千克，背部脂肪厚度≤0.3厘米，无大理石花纹，脂肪和肌肉略软，肌肉颜色深红，脂肪浅黄色。
4. 可用级
   9千克<胴体重≤12千克，背部脂肪厚度≤0.3厘米，无大理石花纹，脂肪和肌肉较软，肌肉颜色深红，脂肪黄色。

六、细毛羊的疫病防治

免疫接种疫苗

免疫接种疫苗

疫（菌）苗名称	预防疫病	免疫期
口蹄疫O、A型活疫苗	口蹄疫	0.5年
口蹄疫灭活疫苗		0.5年
羊痘鸡胚化弱毒疫苗	绵羊痘	1年
无毒炭疽芽孢苗	炭疽	1年
Ⅱ号炭疽芽孢苗		1年
布鲁氏菌羊型5号菌苗	布鲁氏菌病	1年
羊大肠杆菌病菌苗	大肠杆菌病	1.5年
羊链球菌氢氧化铝菌苗	链球菌病	1年
羊链球菌弱毒菌苗		1年
羔羊痢疾氢氧化铝菌苗	羔羊痢疾	1年
羊厌氧菌三联菌苗	羊快疫、羊肠毒血症	0.5年
羊黑疫、羊快疫混合菌苗	羊黑疫和羊快疫	1年
羊厌氧菌五联菌苗	羊快疫、羔羊痢疾、羊猝疽、羊肠毒血症	1年

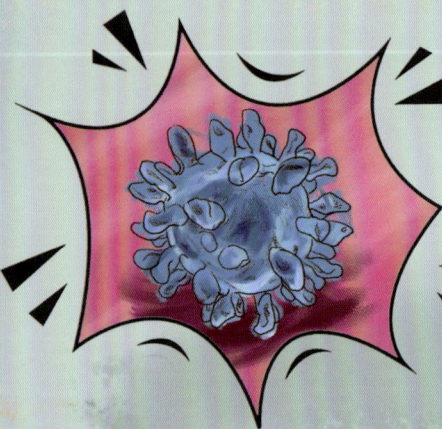

口蹄疫病毒

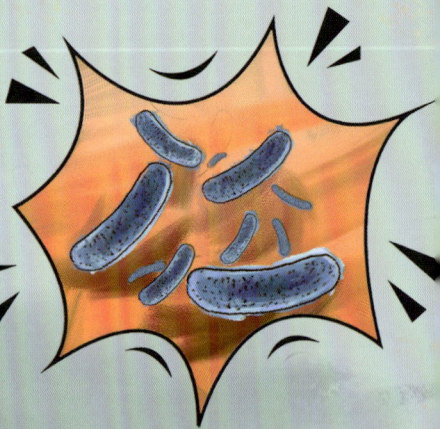

布鲁氏菌

重大传染病的防控

如何应对重大传染病？

发生重大传染病时，应根据《中华人民共和国动物防疫法》规定处理：①隔离；②消毒；③送检：如果尚不能肯定是不是传染病，那么必须采集病料送权威机构进行检疫检验；④紧急预防接种；⑤对疫区进行封锁。

常见传染病

细毛羊常见传染病有羊快疫、羊黑疫、羊肠毒血症、羊猝疽、羔羊痢疾、炭疽、布鲁氏菌病、口蹄疫等。

口服

灌肠

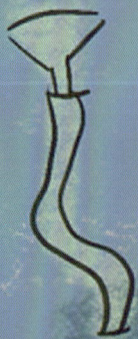

水剂

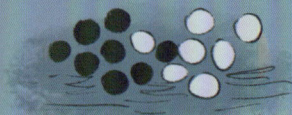

丸剂

舔剂

常见寄生虫病

细毛羊常见寄生虫病有羊肝片吸虫病、矛形双腔吸虫病、脑多头蚴病、羊胃肠道线虫病、羊肺丝虫病、羊疥螨病、羊鼻蝇蛆病和羊球虫病等。

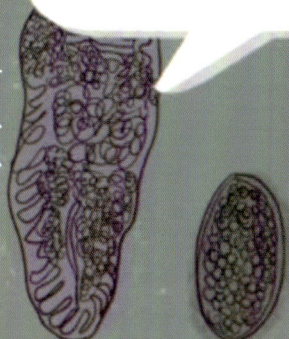

肝片吸虫成虫

肝片吸虫虫卵

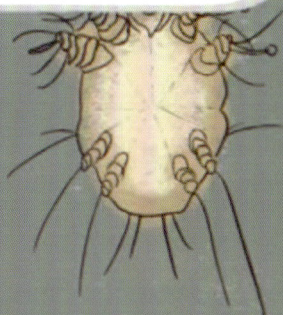

疥螨

体内寄生虫防治

细毛羊体内寄生虫防治

体内寄生虫	驱虫时间	药物	方法
线虫	3—4月、11—12月	丙硫苯咪唑	
线虫	3—4、11—12月月	左旋咪唑	8月龄内羔羊1~1.5个月驱虫一次
绦虫、吸虫	3—4、11—12月.	吡喹酮	
绦虫	3—4月、11—12月	灭绦灵	
其他寄生虫	6月、11—12月，或随时可用	阿维菌素	每60天一次，一周后重复一次

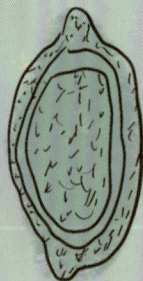

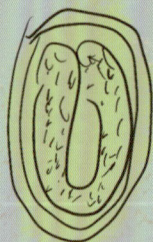

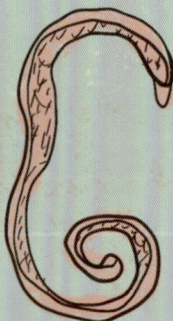

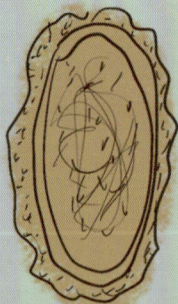

66

体外寄生虫防治

移动药浴车

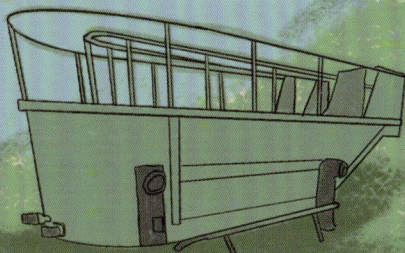

细毛羊体外寄生虫防治

体外寄生虫	防治方法	驱虫时间
疥螨	圈舍消毒＋定期伊维菌素皮下注射＋伊维菌素、双甲脒等药浴/喷淋	四季，特别是冬季、秋末和春初
痒螨	圈舍消毒＋定期伊维菌素皮下注射＋伊维菌素、双甲脒等药浴/喷淋	四季，特别是冬季、秋末和春初
蜱虫	4月前敌百虫涂抹墙缝、洞穴，伊维菌素皮下注射＋伊维菌素、双甲脒等药浴/喷淋	4月前，6—7月，8—9月

七、细毛羊病死羊及粪污处理与资源化利用

61 病死羊无害化处理

62 粪污处理与资源化利用

63 粪污处理与资源化利用（通过堆肥发酵生产沼气）

64 粪污处理与资源化利用（通过工厂化处理制作有机肥料）

病死羊无害化处理

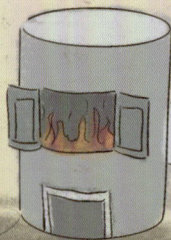

在养殖区域或牧场发现病死羊，需及时收集并处理，避免其腐烂污染环境或引起蚊蝇滋生。在条件允许的情况下，最好在避风、隐蔽的角落及时用焚烧炉处理病死羊，避免疾病传播。在条件不充分的情况下，可以用生石灰消毒处理后进行深埋。

粪污处理与资源化利用

按照相关规程，及时对场区粪污进行堆肥发酵处理。通过粪污资源化处理设备生产有机肥料，实现粪污的资源化利用。

粪污处理与资源化利用
（通过堆肥发酵生产沼气）

利用羊粪制取沼气工艺流程

沼气灯

沼气灶

沼液沼渣施肥

进料口

沼气

沼气池

粪污处理与资源化利用
（通过工厂化处理制作有机肥料）

生物有机肥

生物有机肥

图书在版编目（CIP）数据

画说细毛羊养殖实用技术 / 付雪峰主编. -- 北京：
中国农业出版社，2025.4. -- ISBN 978-7-109-33218-8

Ⅰ.S826.8

中国国家版本馆CIP数据核字第20259XV057号

中国农业出版社出版

地址：北京市朝阳区麦子店街18号楼

邮编：100125

责任编辑：刘　伟

责任校对：吴丽婷　　责任印制：王　宏

印刷：河北盛世彩捷印刷有限公司

版次：2025年4月第1版

印次：2025年4月河北第1次印刷

发行：新华书店北京发行所

开本：880mm×1123mm　1/32

印张：2.5

字数：70千字

定价：26.00元
